DE LA PRÉSENCE

DU MANGANÈSE

DANS LE SANG

et de sa valeur en thérapeutique,

PAR

M. BURIN DU BUISSON,

Pharmacien à Lyon.

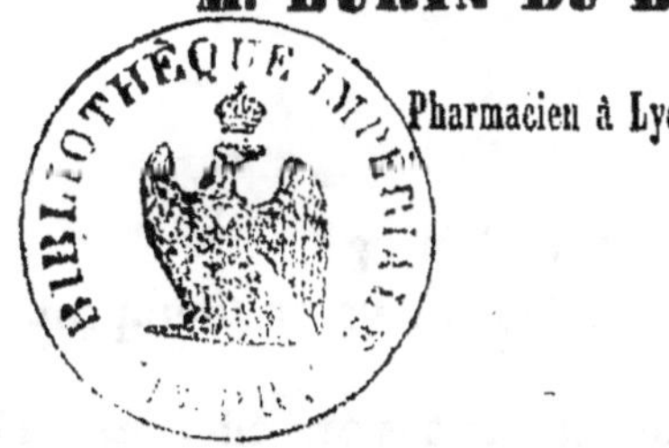

<table>
<tr><td>PARIS,
MM. BAILLÈRE, LIBRAIRES.</td><td>LYON,
SAVY, LIBRAIRE, place Bellecour.</td></tr>
</table>

1854.

DE LA PRÉSENCE

DU

MANGANÈSE DANS LE SANG

et de

SA VALEUR EN THÉRAPEUTIQUE.

———

Le manganèse existe-t-il dans le sang?

Le manganèse a-t-il une valeur réelle en thérapeutique?

Ces deux questions, que nous avions précédemment abordées, viennent d'être traitées contradictoirement; nous allons, en conséquence, essayer de les rétablir dans leur véritable sens :

Le manganèse accompagne presque toujours le fer dans ses minerais. — Il fait partie des terres arables, et, comme ce dernier, il paraît indispensable à la nutrition et au développement d'un grand nombre de plantes. — On rencontre le manganèse dans les cendres de la plupart des végétaux qui servent à la nutrition de l'homme et des animaux.

M. Herapoth (*Archiv. de Pharm.*, t. LXIII, p. 51) a trouvé le manganèse dans les cendres du chou-fleur et des pommes de terre, dans celles de la rave commune, de la rave de Suède, de la bette-rave et de la carotte.

M. Richardson (*Journal für prakt. Chemie*, t. XLII, p. 319) donne une analyse des cendres du sucre brut, de la canne à sucre et de la mélasse, où figure le manganèse. —D'après le duc de Salm Hortsmar (*ouv. cité*, t. xlvi, p. 193), le manganèse est indispensable à la végétation de l'avoine. — Les cendres du fourrage ordinaire renferment constamment le manganèse à côté du fer.

« Comme boissons, dit J. Liébig (dans sa 35me *Lettre* « *sur la Chimie*, p. 250, année 1852), le thé et le café « sont remarquables en ce qu'ils renferment du fer et du « manganèse. Lorsqu'on évapore à siccité une infusion lim- « pide de thé Pékoe ou Souchong, et qu'on incinère le résidu, « on obtient des cendres, souvent colorées en vert par du « manganate de potasse, et dégageant par conséquent du « chlore au contact de l'acide chlorhydrique. La présence « du fer et du manganèse est d'autant plus intéressante, que « les réactifs les plus sensibles n'accusent pas le fer dans le « thé. »

« Une infusion de 70 grammes de thé Pékoe contenait « 0,104 milligr. de sesquioxide de fer et 0,20 centigr. « de protoxide de manganèse (Fleitmann). — M. Lehmann, « de son côté, a trouvé 0,71 centigr. d'oxide de manga- « nèse sur 100 gr. 77 centig. de cendres de thé Souchong. »

« Les parties incombustibles ou les sels du sang, dit le « célèbre chimiste allemand (*ouv. cité*, p. 152, 153 et 154), « sont les médiateurs des fonctions organiques par lesquels « les aliments plastiques, comme les aliments de respiration, « sont rendus aptes à entretenir la vie, et leur concours « étant indispensable pour l'assimilation des aliments de « l'économie, il est clair qu'aucune substance où manquent « ces corps ne saurait entretenir la vie. »

« Les pommes, les navets, et en général les plantes man- « gées par les herbivores, contiennent les mêmes éléments « incombustibles, et presque dans les mêmes proportions « que le sang de ces animaux. Les cendres du sang des gra-

« nivores ont la même composition que les cendres des
« graines qu'ils mangent; les éléments incombustibles du
« sang de l'homme et des animaux qui prennent une nour-
« riture mixte, sont également contenus dans les cendres
« du pain, de la viande et des légumes. Le carnivore con-
« tient dans son sang les éléments de la chair qu'il
« mange. »

Et plus loin : « Le sang de tous les animaux présente in-
« variablement une réaction alcaline, due à la présence d'un
« alcali libre incombustible. — C'est à cet alcali libre que
« le sang doit la propriété de dissoudre les oxides de fer
« qui font partie de sa matière colorante, *ainsi que d'au-*
« *tres oxydes métalliques*, de manière à donner avec eux
« des liqueurs entièrement limpides. » (*Ouv. cité*, p. 156.)

L'exposé qui précède, du célèbre chimiste de Giessen, ne
justifie pas seulement la présence du manganèse dans le
sang de l'homme et des animaux, mais il démontre de plus
à priori que le manganèse se trouvant dans les cendres
des aliments de l'homme, il doit forcément se trouver dans
son sang.

Et en effet Vauquelin assure avoir toujours trouvé le manganèse à côté du fer dans les poils et les cheveux (*Chimie gén.
de Pelouze et Frémy*, t. III, p. 817). — Berzélius (dans son
Traité de Chimie, t. VII, p. 474), dit que le résidu de la
calcination des os renferme des traces d'oxide de fer et
d'oxide de manganèse. (*Ouv. cité*, p. 152.) Le même chimiste
signale le manganèse dans le résidu du suc gastrique des-
séché, toujours en compagnie du fer. — Gmelin fait, de son
côté, la même remarque; — John le signale dans l'épiderme.

Même dans le rachitisme, les os, d'après de Bibra, contiennent toujours du fer et du manganèse; ce chimiste a, en effet,
constaté la présence de ces deux métaux dans le crâne, le
radius, le fémur et la rotule. (*Pelouze et Frémy*, t. III, p. 822.)

M. Marchand a également trouvé le manganèse à côté du fer dans le fémur d'un homme sain. (*Annuaire de Chimie*, année 1848, p. 467.)

Le fer et le manganèse se trouvent également presque toujours dans le résidu des cendres de l'urine de l'homme et des animaux. MM. John et Lassaigne l'ont trouvé dans l'urine d'un cheval diabétique ; — Sprengel et de Bibra, dans l'urine de bœuf.

Il nous serait facile de trouver un beaucoup plus grand nombre de citations semblables et tout aussi probantes, mais en nous bornant à celles qui précèdent, nous n'en sommes pas moins autorisé à dire que, pour que tant d'éminents chimistes aient trouvé le manganèse dans les os, les poils, les cheveux, l'épiderme et l'urine, il faut nécessairement que ce métal existe dans le sang, par lequel il a fallu que ce corps passe forcément pour se rendre dans les os, les poils, les cheveux, l'épiderme et l'urine.

Or, c'est, en effet, ce qui arrive : Burdach, après avoir parlé de la présence de la silice et du manganèse dans nos organes (*Physiologie*, t. VIII, p. 26), ajoute que, si la silice et le manganèse n'ont pas encore été démontrés dans le sang, il faut s'en prendre à leur petite quantité. (*Ibid*, p. 463.)

Toutefois, Wurzer, en 1830, signala catégoriquement ce dernier métal dans le résidu de la calcination du sang. (*Gaz. Méd. de Strasbourg*, 1849, p. 177.) — En 1844, M. Marchessaux indique le manganèse parmi les éléments chimiques du sang. (*Anatomie générale*, p. 159.)—D'après Berzélius, Wurzer assure avoir trouvé, dans l'oxide de fer provenant des cendres du sang de bœuf, un tiers de son poids d'oxide manganique ; le célèbre chimiste suédois trouve pourtant cette quantité trop élevée. (*Traité de Chimie*, t. VII, p. 60.)

Enfin, dans l'année 1848, M. E. Millon adressa à l'Institut

un Mémoire ayant pour titre : *De la présence normale de plusieurs métaux dans le sang de l'homme, et de l'analyse des sels fixes contenus dans ce liquide. (Comptes-rendus des séances de l'Académie des sciences*, t. XXVI, p. 41.) — Dans ce travail M. Millon donne l'exposé d'une nouvelle méthode analytique, qui permet, dit-il, d'isoler avec la plus grande facilité la partie saline incombustible du sang ; « et à l'aide de laquelle on constate, en effet, que le sang de l'homme contient constamment de la silice, du manganèse, du plomb et du cuivre. » — Dans 100 parties de résidu insoluble des cendres du sang, il a trouvé que

La silice varie de 1 à 3 pour 100.
Le plomb » 1 à 5 » »
Le cuivre » 0,5 à 2,5 » »
Le manganèse » 10 à 24 » »

Comme on le voit, le manganèse figure ici en beaucoup plusgrande quantité que les deux autres métaux et la silice.

M. Millon continue en donnant le détail de diverses opérations qui lui ont permis d'établir que le manganèse se fixe avec le fer dans les globules. Le travail de M. Millon fut l'objet d'un article critique d'un chimiste, M. Melsens, sous ce titre : *De l'absence du plomb et du cuivre dans le sang (Annales de chimie et de physique*, 3me série, t. XXIII, p. 358); « dans lequel ce dernier dit *qu'il pas-* « *serait volontiers le manganèse à M. Millon*, s'il lui avait « prouvé qu'il ne s'était servi ni de vases de porcelaine, ni « de verre; mais quant au cuivre et au plomb, il les niait « de la manière la plus absolue. »

Observons pourtant en passant, *à titre de réflexion et de renseignement*, qu'après la négation si nette de M. Melsens à l'égard du plomb et du cuivre, M. Deschamps déclare que le dernier métal existe dans les cendres du sang. Et de plus, que MM. *Malagutti*, *Durocher* et *Sarzeaud*, dans un travail sur le sang de bœuf, sont arrivés au même résultat. (Voir leur travail intitulé : *De la présence du cuivre, du plomb et de l'argent dans les eaux de la mer, et sur l'existence de ce dernier métal dans les êtres organisés, comptes-rendus*, t. XXIX, p. 780, et *Annales de chimie*, 3ᵐᵉ série, t. XXVIII, p. 129.)

Après M. Millon, le docteur Hannon, de Bruxelles, constata de nouveau par l'analyse la présence du manganèse dans les globules du sang humain, et il partit de ce fait scientifique pour proposer le manganèse comme succédané du fer dans les cas de chlorose, où ce dernier métal reste souvent impuissant.

De notre côté, et sur la demande de M. le docteur Pétrequin, qui employait aussi avec succès, depuis près de deux années, les préparations de manganèse dans la chlorose, nous reprîmes en juin 1851 les analyses de MM. Millon et Hannon ; et, comme eux, nous trouvâmes du manganèse en quantité notable dans le caillot du sang humain.

Les mêmes essais, tentés par M. Glénard, l'ont conduit à nier l'existence normale du manganèse dans le sang, par cette raison que ce professeur n'a trouvé qu'une seule fois, dit-il, nettement ce métal dans le sang humain, bien qu'il ait analysé par divers procédés le sang de 40 individus d'âge, de sexe, de tempérament divers.

Le travail de M. Glénard se divise en deux parties : la première comprend l'analyse des faits chimiques qui ont motivé, d'après lui, l'emploi thérapeutique du manganèse ; nous y reviendrons plus loin. — Dans la deuxième partie, M. Glénard donne l'exposé d'un travail chimique qui, nous nous empressons de le dire, nous a paru fait avec toute la bonne foi désirable, bien que nous ne puissions pas en accepter les conclusions. Nous n'aurons à faire ici qu'une seule observation : M. Glénard, dans son argumentation contre les faits allégués par MM. Millon, Hannon et nous, s'appuie surtout sur l'autorité de M. Melsens pour démontrer que le sang ne contient pas habituellement du manganèse. Or, ainsi que nous l'avons démontré plus haut, en répétant ses propres paroles, M. Melsens n'a jamais nié positivement la présence du manganèse dans le sang. Quant au cuivre et au plomb, les chimistes qui se souviennent de cette discussion scientifique, n'ont certainement pas oublié en quels termes énergiques M. Melsens nia la présence normale ou même fréquente de ces deux métaux dans le sang.

Or, M. Glénard répétant aujourd'hui les mêmes essais analytiques que M. Melsens, et dans le même but que ce dernier, arrive à une conclusion toute différente; car, tandis qu'il ne trouve qu'une fois et à grand'peine le manganèse, il trouve au contraire, toujours ou presque toujours et très nettement le plomb dans ses nombreux essais analytiques. —Ce dernier résultat est intéressant au point de vue scientifique d'abord, et, d'autre part, parce qu'il donne *raison à M. Millon contre M. Melsens.* Mais, en ne lui accordant pas une attention plus grande et en glissant si rapidement là-dessus, M. Glénard ne semble-t-il pas avoir craint d'enlever la plus grande partie de leur valeur aux arguments qu'il emprunte au travail de M. Melsens ?

Nous avons lu avec la plus grande attention le travail de M. Glénard et les critiques qu'il nous adresse, comme à tous ceux qui croient à l'existence normale du manganèse dans le sang humain, et nous avouons tout d'abord que cette lecture, pas plus que les faits sur lesquels reposent les arguments de M. Glénard, n'ont ni changé, ni modifié notre manière de voir. — Pour nous, le manganèse, en petite quantité, il est vrai, n'a pas cessé de faire partie des principes constituants du sang.

C'est là un point sur lequel nous reviendrons, du reste, un peu plus tard.

L'essai analytique, fait par M. Glénard sur le sang d'un homme de Romanèche (où il existe, comme on le sait, des mines de manganèse), ne pouvait apporter aucune lumière dans la question au point de vue où elle est placée à nos yeux ; car, en effet, si le sang dans lequel M. Glénard a trouvé du manganèse eût appartenu à l'homme de Romanèche, il se serait certainement cru autorisé à s'appuyer sur ce fait pour nous dire que le manganèse n'était qu'un accident dans le sang, à l'exemple d'une foule d'autres substances qui peuvent s'y trouver après avoir été fortuitement, ou de toute autre manière, introduites dans l'économie ; or, c'est là ce que nous ne saurions admettre.

Nous ne sommes pas seuls, du reste, en opposition avec les conclusions du travail de M. Glénard.

Ainsi, par exemple, la *Gazette Médicale de Milan* (dans son n° du 14 août 1854) « reproche à M. Glénard « d'avoir omis de citer à point les expériences analogues « aux siennes, publiées depuis douze années, par l'illustre « professeur de Kramer, dans un Mémoire spécial qui a « pour titre : *Ricerche per discoprire nel sangue, nell'urina* « *ed in varie altre secrezioni animali le combinazioni* « *minerali somministrate per Bocca.* » (1)

M. de Kramer expose « comment il a, quoique à petites « doses, toujours pu trouver le manganèse dans le sang « d'un grand nombre d'individus, et il en conclut *que le* « *sang normal contient constamment ce métal en petite* « *quantité.* »

L'opinion de M. de Kramer, chimiste très distingué de

_____

(1) Ce travail du professeur de Kramer se trouve dans le tome I des *Mémoires de l'Institut Lombard* (Milan 1842) ; recueil, ajoute le journaliste, que le chimiste de Lyon aurait bien fait de consulter.

Milan, est d'autant plus importante, qu'il a une très grande
habitude de semblables travaux, dans lesquels il a acquis
depuis longtemps une habileté extrême, ainsi que le prouve
son remarquable travail, fait en commun, en 1842, avec
l'illustre professeur Panizza, *sur l'Absorption des Poisons.*

Dans la première partie de son travail, M. Glénard, ainsi
que nous l'avons dit plus haut, commence par donner l'exposé analytique des travaux de MM. Millon, Hannon et des
nôtres ; puis il continue ainsi :

« Voilà l'origine, l'explication de l'espèce de célé-
« brité qu'a acquise tout à coup le manganèse en méde-
« cine. Telles sont les causes qui ont tiré ce métal de l'obs-
« curité où on le laissait depuis longtemps, pour l'élever
« au rang de principe nécessaire à l'organisation animale,
« et lui faire jouer dans le sang un rôle que le fer remplis-
« sait seul jusqu'ici.

« Mais le manganèse conservera-t-il cette importance ré-
« cente ? S'installera-t-il définitivement dans la place qu'on
« lui assigne ? Peut-on admettre comme parfaitement établie
« l'idée de M. Millon, comme suffisamment concluants les
« faits qui lui servent de base ? »

M. Glénard se plaint de voir le manganèse élevé au rang
de l'un des principes constituants de l'organisation animale ;
nous serons très empressé, pour notre part, à effacer ici
notre individualité ; mais M. Glénard est-il bien certain
d'avoir suffisamment établi les preuves du contraire, en face
de l'autorité de chimistes, tels que Fourcroy, Vauquelin,
Berzélius, Gmelin, John, Bibra, Marchand, Lassaigne, qui
déclarent, d'une part, que le manganèse se trouve à côté
du fer dans presque toutes les parties constituantes de l'é-
conomie animale et de la plupart de nos sécrétions ; et de
l'autre, de Burdach, Wurzer, Marchessaux, de Kramer,
qui le signalent parmi les éléments du sang ?

Pourrait-on admettre *à priori* que la présence du manganèse dans nos organes et dans nos fluides, ainsi constatée par tant d'hommes illustres, ne soit due qu'à des causes fortuites, et que ce métal ne se trouve là que comme par hasard?

Mais pour soutenir cette thèse avec quelque apparence de raison, il faudrait d'abord que nous fussions plus avancés dans la connaissance des phénomènes physiologiques et chimiques qui président à l'entretien de la vie et au développement de nos organes. — Ainsi, par exemple, le fer existe en quantité très notable dans la matière colorante des globules sanguins, c'est là un fait acquis; eh bien! M. Glénard pourrait-il nous dire quel est le rôle que ce métal (rôle exclusif, selon lui) joue dans le sang, et de quelle manière il concourt à l'entretien de la vie? et sait-on même seulement sous quel état chimique le fer réside dans les globules du sang?

On nous a dit, d'autre part, et puisque l'occasion s'en présente, nous allons y répondre : mais le fer et le manganèse ont une très grande affinité l'un pour l'autre; ce sont deux inséparables. Or, ne serait-il pas possible que le fer de l'économie ne fût que du fer impur, contenant du manganèse? — Certes, la question, ainsi posée, pourra paraître un peu paradoxale aux yeux des chimistes, mais cela n'est pas notre faute, et nous répondrons simplement :

Il est impossible d'admettre que nos organes (nous ne parlons pas de certains de nos fluides) puissent s'accomoder d'une substance étrangère à leur état constitutif, sans en être troublés dans leurs fonctions vitales et normales; le contraire ne saurait être admis sérieusement en face de cette admirable harmonie qui constitue la vie normale; mais que la moindre cause, de l'ordre physique, comme de l'ordre psychologique, suffit pourtant pour troubler. — Lorsqu'une substance quelconque, plomb, manganèse ou tout autre, existe ordinairement dans une partie quelconque de l'organisme à l'état de santé, c'est que sa présence y est nécessaire et qu'elle y concourt d'une manière ou d'une autre aux phénomènes vitaux.

Sous ce rapport donc, si le rôle physiologique de la petite quantité de manganèse relativement au fer, que contient l'économie, est loin d'être établi, il est vrai de dire que l'on ne connaît pas mieux le mode d'action de ce dernier, et que l'avenir seul pourra nous fixer à cet égard.

Suivant M. Martens, encore d'autre part, le manganèse n'entrant dans la constitution des globules sanguins qu'en quantité infiniment petite, il ne paraît point être nécessaire à la sanguification, et sous ce rapport il est inutile de s'en préoccuper.

Mais que voyez-vous donc de commun entre les merveilleux arcanes qui président à la vie et nos idées de poids, de quantité, de volume, etc. ?

Si les petites quantités, les quantités infinitésimales, ont souvent peu d'importance dans le règne inorganique, il ne saurait en être ainsi chez les êtres organisés. Quel est donc, avant la gestation, le poids de l'embryon qui doit donner naissance à l'animal de la plus forte espèce, et que croyez-vous que soit le poids des éléments qui le constituent ? Jugez pourtant du parti que la nature saura en tirer.

Quel est le volume d'une goutte d'eau ? et pourtant examinez-la au microscope solaire, et vous réfléchirez alors au poids des principes constituants de cette myriade d'êtres vivants, divers de forme et de taille, qu'elle renferme, qui s'y agitent en tous sens, suivant leurs propriétés instinctives, et dont la curieuse existence se relie très certainement par des liens mystérieux à celle des animaux de l'ordre supérieur, jusqu'à celle de l'homme lui-même.

Pour en revenir au travail de M. Glénard, nous nous résumerons de nouveau (sans entrer plus avant, pour le moment, dans sa partie purement expérimentale), en disant comme précédemment :

1° Que le sang contient toujours du manganèse, en petite quantité, mais en quantité nettement appréciable ;

2° Qu'il ne saurait y avoir d'état chlorotique ou anémique par *défaut de fer*, de *manganèse* ou de *toute autre substance élémentaire* des *globules* du *sang ;* mais seulement que le sang des chlorotiques et des anhémiques renferme moins de globules qu'à l'état de santé, sans que la constitution chimique de ces derniers paraisse modifiée en rien.

Mais supposons pour un instant que les choses soient ainsi que M. Glénard les a vues, et raisonnions dans cette hypothèse. Serait-on autorisé pour cela à mettre en doute la valeur thérapeuthique du manganèse ? Et M. Glénard n'a-t-il pas obéi à son insu à un sentiment étranger, lorsqu'il a écrit ces mots : « Voilà l'origine, l'explication de l'espèce de célébrité qu'a acquise tout à coup le manganèse en médecine ; » et en ajoutant après : « Mais le manganèse conservera-t-il toujours cette importance récente ? »

Mais, de ce que nous nous serions réellement trompé, après tous nos illustres devanciers, et que le manganèse ne se trouverait jamais dans le sang humain, ce métal serait-il devenu pour cela incapable de guérir la chlorose, ainsi que cela découle *forcément* et *logiquement* de vos appréciations écrites ?

Evidemment non. — Le fer est jusqu'à ce jour le véritable spécifique de la chlorose. Or, pourrait-on nous dire comment ce métal s'y prend pour la guérir ? Nullement ; car nous ne sommes pas même certains que le fer, administré dans la chlorose et l'anémie, soit assimilé de manière à concourir directement à la régénération des globules du sang.

Ce n'est que sous toutes réserves que notre savant confrère, M. Quevenne, hasarde sur ce point, par déduction de ses belles et patientes observations, une théorie nouvelle dans le plus intéressant travail qui ait jamais été publié sur la médication ferrugineuse. (Voir l'analyse de ce travail, *Gaz. Méd. de Paris*, n° du 26 août, p. 517.)

Pour démontrer combien il est difficile de résoudre la question de l'assimilation directe du fer, il nous suffira de rappeler que ce métal n'est capable de guérir la chlorose que sous la condition que le malade reçoit, en même temps que la médication ferrugineuse, une nourriture abondante, azotée et réparatrice. Or, en supposant l'état chlorotique le plus exagéré, la quantité de fer contenue dans les aliments absorbés par un malade adulte, dans l'espace de deux mois, par exemple, en supposant qu'elle eût serv tout entière à former des globules sanguins, serait suffisante pour avoir fait passer dans ce même espace de temps le même malade à l'état pléthorique le plus complet; — et comme il est hors de doute que l'administration du fer coïncide avec le développement de nouveaux globules sanguins, on est forcé de se demander, dans l'état actuel de la science, quel est ici le fer qui va se fixer dans les globules régénérés; est-ce celui que l'on administre directement au malade, mélangé à ses aliments, ou bien est-ce le fer contenu dans les aliments eux-mêmes ?

Mais à côté de ces raisonnements théoriques, toujours discutables, il y a des observations cliniques plus difficiles à renverser et même à mettre en doute.

Or, si le manganèse ne mérite pas, comme le dit M. Glénard, l'importance qu'il a acquise en médecine, il faudra forcément en conclure que M. Pétrequin a mal vu et mal observé, et que son travail, si remarquable, sur l'emploi thérapeutique du manganèse, n'est qu'une erreur, un jeu de l'esprit !

Il faudrait aussi faire peser cette étrange accusation sur MM. Gensoul, Montain, Gubian, Richard de Nancy, Desgaultières, à Lyon; Godefroy, à Vienne; Guilland, à Chambéry; Blanc et d'Espine, à Aix en Savoie, etc. (Voy. *Bulletin Thérapeutique*, mars 1852.) Il faudra dire également que MM. Bonnaric, médecin de l'Antiquaille, Célestin Perrin et Paul Delorme, qui ont publié des guérisons remarquables, se sont trompés en croyant avoir guéri leurs malades avec des préparations ferro-manganiques!.. (1) Enfin, MM. Gromier, Leriche, Keisser, Bouchet, Brevard, Chatin, Guichon, etc. (2), qui tous ont employé, les uns le manganèse, les autres les préparations de fer et de manganèse, se seraient trompés de même pour être agréables aux partisans de la médication manganifère!!..

Evidemment une pareille thèse est insoutenable. Nous pourrions ajouter ici les témoignages d'un très grand nombre de praticiens distingués des départements, qui ont eu beaucoup à se louer des préparations ferro-manganiques. Nous n'en citerons que quelques-uns (2); MM. Bouillé, Bienaymé et Darnault, médecins à Semur (Côte-d'Or), déclarent « avoir *obtenu les meilleurs résultats* avec les préparations « ferro-manganiques dans tous les cas qui nécessitent l'em- « ploi des ferrugineux. » — M. Choisy, médecin à Chan-

____

(1) M. C. Perrin établit que « l'adjonction du manganèse rend la médication martiale plus énergique. » (Voyez *Revue médicale*, 15 février 1855.)

M. Bonnaric conclut de sa propre expérience que « on a eu raison de « dire que l'introduction des préparations ferro-manganiques dans la thé- « rapeutique était une des plus importantes conquêtes de la médecine « contemporaine. » (Voyez *Journal des Connaiss. Médic.-Chirurg.*, 1er novembre 1855.)

(2) Nous avons entre les mains tous les témoignages écrits que nous citons; et nous les tenons à la disposition des médecins qui voudraient les consulter.

telle (Allier), en dit autant (1); M. Sabatier, médecin à
Béziers, accorde une préférence marquée aux préparations
ferro-manganiques (2), de même que M. Baraduc (3), médecin à La Tour (Puy-de-Dôme). M. Brunache, médecin au
Val, près Brignoles (Var), n'est pas moins explicite sur ce
point (4).

Voici comment M. Grillet, médecin de l'hospice de Gex
(Ain), motive son opinion : « Depuis deux ans j'emploie
« les préparations ferro-manganiques; elles ont été très
« avantageuses chez tous les chlorotiques qui en ont fait
« usage.

« Des chloroses réfractaires au fer seul ont été guéries
« en assez peu de temps par le fer et le manganèse réunis.

« En adjoignant la poudre aux autres préparations, la

(1) « Il est avéré pour moi que les préparations ferro-manganiques on
« droit à prendre rang parmi les agents regardés comme reconstitutifs du
« sang, toutes les fois qu'on aura à réparer un appauvrissement dans la
« quantité ou la qualité des globules sanguins. » CHOISY.

(2) M. Sabatier affirme « avoir guéri par l'association du manganèse au
« fer, selon les formules de M. Pétrequin, des chlorotiques et des anhé-
« miques *dont l'affection avait résisté* aux ferrugineux simples. »

(3) M. Baraduc annonce « avoir employé souvent dans sa pratique les pré-
« parations ferro-manganiques avec un succès marqué sur les ferrugineux
« simples, et avoir observé que l'addition du manganèse a pour effet *bien
« constaté* dans la chlorose de rendre beaucoup plus rares les cas de réci-
« dive auxquels les malades traités par le fer seul sont malheureusement
« très souvent exposés. »

(4) « En faisant, dit M. Brunache, connaître au monde médical le ré-
« sultat de ses recherches sur le manganèse comme adjuvant du fer,
« M. Pétrequin a rendu un service immense aux praticiens et à cette
« classe de malades qu'on appelle chloro-anhémiques;.... — il a su faire
« l'application pratique de la découverte du manganèse dans les humeurs
« de l'homme, et il a tourné au profit de l'humanité ce fait annoncé par la
« chimie. » — Après avoir cité une guérison fort remarquable de chlorose,
M. Brunache a joute: «J'ai eu souvent recours aux préparations ferro-manganiques, et toujours j'ai obtenu le même succès. »

« constipation, qui est la règle avec les ferrugineux seuls,
« devient alors une exception très rare.

« Je considère le manganèse comme le plus utile adjuvant
« du fer. » (GRILLET, juillet 1853.)

Les autorités médicales les plus imposantes (1) viennent
déposer dans le même sens : Dans un Mémoire, lu à la So-
ciété de Médecine de Bordeaux par M. Costes (sur l'action
thérapeutique des préparations de fer), le lecteur impartial
sera, comme nous, frappé de ces paroles : « Il est des cas,
« mais que je ne saurais déterminer par avance, où l'ap-
« pauvrissement du sang ne se laisse pas réparer par les
« préparations martiales seules, et *qui indiquent d'une
manière plus spéciale des combinaisons avec le manganèse.* » (*Journal de Médecine de Bordeaux*, juin 1854, et
Bulletin de Thérapeutique, 15 août 1854.)

Ajouterons-nous que M. le professeur Stœber, de Strasbourg, fait mention d'une chlorose chronique, rebelle à
l'action du fer prescrit sous toutes les formes, et qui céda
facilement à l'administration du manganèse ?

Nous ne devons point omettre l'intéressant travail du professeur Gintrac, de Bordeaux, qui a vu un cas de chloro-
anhémie grave, compliquée d'anasarque et d'ascite, céder à
l'emploi du sulfate de manganèse; ses conclusions sont trop
importantes pour ne pas être rappelées :

« Au sulfate de manganèse seul revient l'honneur de la
« guérison.

« Le manganèse doit être regardé comme succédané et
« comme adjuvant du fer; il est réparateur et régénérateur
« du sang, dont il fait partie intégrante. » (*Journal de Médecine de Bordeaux*, avril 1853.)

(1) Nous ferons remarquer que dans les deux Amériques, et surtout
aux Etats-Unis, on fait un large emploi des préparations manganiques et
ferro-manganiques et que les médecins se louent beaucoup de leur usage.

Les réflexions, vraiment décisives, que ces faits inspirent à l'habile rédacteur en chef du *Bulletin de Thérapeutique*, sont bien propres à saisir tous les esprits non prévenus : « D'après, dit-il, les faits connus de l'emploi du manga- « nèse, ses propriétés réparatrices et régénératrices du « sang ne sont plus douteuses, et sa place est marquée « d'orres et déjà dans les nouveaux formulaires, à côté du « fer, comme son succédané et son adjuvant.

« . . . . . Nous demanderons même si *sa place ne* « *serait pas plutôt avant le fer, et si ses propriétés re-* « *constitutives ne seraient pas plus sûres et plus énergi-* « *ques que celles de ce dernier agent?* » (*Bulletin de Thé-* *rapeutique*, 15 juillet 1853.)

Certes, après de pareils témoignages et cet ensemble d'autorités, le moindre doute ne saurait subsister; la démonstration est complète, et tout argument nouveau semble superflu. Mais nous avons à cœur de convaincre les plus incrédules. Écoutons encore M. Delarue, médecin de l'hospice des vieillards, à Bergerac; voici comment il présente la question à son point de vue particulier : « Le manganèse, « dit-il, vivement recommandé à l'attention médicale par « MM. Hannon et Martin Lauzer, a été pour M. Pétrequin « l'occasion d'une heureuse et féconde initiative. — Em- « preints d'une expérience sûre et raisonnée, les travaux du « savant professeur de Lyon sont appelés à combler bien « des lacunes en thérapeutique. L'emploi du manganèse, « comme adjuvant du fer, aura bientôt, nous le croyons, « conquis tous les suffrages, malgré les obstacles si nom- « breux qui tendent sans cesse à empêcher la propagation « de la vérité. »

« Quant à nous, nous avons déjà plusieurs fois constaté « au lit des malades l'exactitude des assertions de notre « honorable confrère : un certain nombre de chloroses

« notamment, qui avaient résolument résisté tant que nous
« ne leur opposions que le fer, ont disparu comme par
« enchantement sous l'influence du fer et du manganèse
« associés ensemble. »

M. Delarue cite ensuite une observation intéressante de
chlorose confirmée, datant de six mois : « Après un grand
« mois de tentatives infructueuses par les ferrugineux, dit
« M. Delarue, nous prescrivîmes le manganèse avec le fer,
« suivant les formules de M. Pétrequin. En moins de huit
« jours, tous les symptômes s'amendèrent; bientôt la gué-
« rison fut entière. » (*Revue de Thérapeutique médico-chi-
rurg.*, n° du 15 septembre 1854, et *Bulletin Thérapeutique*, n° du 15 octobre 1854.)

Nous terminerons donc en disant que si M. Glénard se
croit suffisamment autorisé à nier l'existence normale du
manganèse dans le sang, en mettant à néant ce qui avait
été établi, même avant M. Millon, par les hommes les plus
compétents, il est parfaitement libre de prendre cette res-
ponsabilité; mais quant à vouloir partir de cette opinion
pour donner à douter de la valeur thérapeutique du manganèse, nous dirons que cela n'est pas possible, parce qu'il
est incontestablement et définitivement acquis aujourd'hui
à l'art de guérir, que son administration dans l'anhémie et la
chlorose facilite la régénération des globules sanguins, et
que, sous ce rapport, rien ne saurait faire déchoir le manganèse du rang thérapeutique où l'ont placé les travaux remarquables de MM. Hannon et Pétrequin, appuyés par les
observations pratiques recueillies depuis par un très grand
nombre de praticiens distingués de tous les pays.